Ranganatha S

Tecnologia industrial de películas finas: Galvanoplastia sem eletrólito

Ranganatha S

Tecnologia industrial de películas finas: Galvanoplastia sem eletrólito

ScienciaScripts

Cover image: www.ingimage.com

This book is a translation from the original published under ISBN 978-620-6-77525-6.

Publisher:
Sciencia Scripts
is a trademark of
Dodo Books Indian Ocean Ltd. and OmniScriptum S.R.L publishing group

120 High Road, East Finchley, London, N2 9ED, United Kingdom
Str. Armeneasca 28/1, office 1, Chisinau MD-2012, Republic of Moldova, Europe
Managing Directors: Ieva Konstantinova, Victoria Ursu
info@omniscriptum.com

Printed at: see last page
ISBN: 978-620-8-61931-2

Sobre o autor

O Dr. S Ranganatha obteve o seu doutoramento em Química com especialização em Eletroquímica na Universidade de Kuvempu, Índia, em 2013. Atualmente, está afiliado ao Departamento de Química, Escola de Engenharia, Universidade da Presidência, Bengaluru, Índia, como Professor Associado. No passado imediato, trabalhou no Departamento de Química Inorgânica e Física do Instituto Indiano de Ciência como Bolseiro de Pós-Doutoramento do prestigiado Dr. D.S. Kothari da Comissão de Bolsas Universitárias (Governo da Índia). Os seus interesses de investigação são a eletroquímica e os supercapacitores electroquímicos, as baterias, a corrosão, os revestimentos nanocompósitos, etc., em particular. Recebeu também uma bolsa de investigação sénior do Conselho de Investigação Científica e Industrial (CSIR) do Governo da Índia durante a sua investigação de doutoramento. É membro vitalício da Sociedade Eletroquímica da Índia (ECSI), campus do Instituto Indiano de Ciência, Bengaluru Índia e da Sociedade para o Avanço da Ciência e Tecnologia Electroquímicas (SAEST), CSIR-CECRI, Karaikudi Índia.

Índice

Resumo

Nesta contribuição, tenta-se esboçar diferentes tipos de tecnologias de fabrico de películas finas em geral. Os pormenores tecnológicos do fabrico de películas finas utilizando o método electroless são discutidos em pormenor, com os seus princípios. Além disso, apresentados os métodos analíticos para caraterizar as películas finas depositadas. Neste sentido, esta coleção é muito importante para os investigadores interessados em conceber películas finas para aplicações específicas.

1. **Introdução Películas finas**

A produção, a aplicação e a investigação de películas finas datam de há muito tempo. Atualmente, as películas finas são largamente aplicadas como revestimentos funcionais que influenciam vantajosamente as propriedades e, devido às caraterísticas da superfície do substrato do dispositivo, as películas possuem determinadas caraterísticas. No último século, foram desenvolvidas várias técnicas de deposição de películas finas, paralelamente ao aperfeiçoamento da eletrónica, do vácuo e das tecnologias de medição.

Uma película fina é definida como um material de baixa dimensão criado pela condensação, uma a uma, de espécies atómicas/moleculares/iónicas de matéria ou é uma estrutura bidimensional, ou seja, tem uma relação muito grande entre a superfície e o volume e é criada pelo processo de condensação de átomos, moléculas ou iões. A espessura é normalmente inferior a vários microns. As películas finas diferem das películas espessas. Uma película espessa é definida como um material de baixa dimensão criado pelo desbaste de um material tridimensional ou pela montagem de grandes aglomerados/agregados/grãos de espécies atómicas/moleculares/iónicas. Qualquer que seja o limite de espessura, uma película ideal pode ser definida matematicamente como um material sólido homogéneo contido entre dois planos paralelos e estendido infinitamente em duas direcções (digamos x, y), mas limitado ao longo da terceira direção (z), que é perpendicular ao plano x-y. A dimensão ao longo da direção z é conhecida como a espessura da película (d ou t). A sua magnitude pode variar desde um limite $d \rightarrow 0$ até qualquer valor arbitrário, mas permanece sempre muito inferior à das outras duas direcções, ou seja, x e y. Uma película real, contudo, afasta-se consideravelmente do caso ideal, uma vez que as suas duas superfícies nunca são exatamente paralelas, mesmo quando formadas nas melhores condições experimentais de deposição, e também o material contido entre as duas superfícies raramente é homogéneo, nem uniformemente distribuído nem da mesma espécie.

Historicamente, as películas finas têm sido utilizadas há mais de meio século no fabrico de dispositivos electrónicos, revestimentos ópticos, revestimentos duros para instrumentos e peças decorativas. A película fina é uma tecnologia de materiais tradicional e bem estabelecida. No entanto, esta tecnologia continua a ser desenvolvida , uma vez que é fundamental para o desenvolvimento de novos materiais no século XXI, tais como materiais nanométricos e/ou super-redes artificiais. Os materiais e dispositivos de película fina também estão disponíveis para minimizar a utilização de materiais tóxicos, uma vez que a quantidade utilizada se limita apenas à superfície e/ou à camada de película fina. O processamento de películas finas também poupa no consumo de energia na produção e é considerado uma tecnologia de materiais ambientalmente benigna para o próximo século [1].

O número e a diversidade dos métodos de produção de películas finas dificultam uma classificação geral. A Tabela 1 apresenta uma classificação introdutória útil dos métodos de produção de películas finas, que tem conta as diferentes formas de transferência de massa. A primeira coluna refere-se a revestimentos formados a partir de átomos e iões (por exemplo, deposição de vapor, revestimentos electrolíticos). A segunda coluna refere-se a revestimentos formados por gotículas de líquido ou pequenas partículas. Uma terceira categoria refere-se à aplicação direta de material de revestimento em quantidade (por exemplo, tinta).

2. **Preparação technology**

As películas finas podem ser preparadas a partir de uma variedade de materiais, tais como metais, semicondutores, isoladores ou dieléctricos, etc., e para este efeito foram também desenvolvidas várias técnicas de preparação. Estão também a ser desenvolvidos métodos mais recentes para melhorar a qualidade dos depósitos com um máximo de propriedades reprodutíveis e uma variação mínima na sua composição.

As técnicas envolvidas em geral são,

(a) Deposição térmica no vácuo por aquecimento resistivo, evaporação por canhão de feixe de electrões ou canhão de laser, etc., a partir de fontes adequadas

(b) Sputterização de materiais catódicos na presença de gases inertes ou activos, a baixa ou média pressão

(c) Deposição química de vapor por pirólise, dissociação, reacções em fase de vapor

(d) Deposição química a partir de soluções, incluindo eletrodeposição, galvanoplastia, oxidação anódica, deslocamento químico, reação química, etc.

O principal requisito para os métodos (a) e (b) é um vácuo elevado deposição é uma pressão de cerca de 10^{-5} torr ou mesmo inferior. Nos métodos c) e d), o alto vácuo não é uma condição essencial, embora o processo c) seja por vezes a uma pressão ligeiramente inferior ou superior à pressão ambiente, de modo a manter um bom fluxo de espécies gasosas através do sistema. A escolha de uma técnica de preparação é, no entanto, orientada por vários factores, nomeadamente o ponto de fusão da carga, a sua estabilidade, a pureza e as caraterísticas desejadas

de depósitos, etc., que podem frequentemente ser obtidos por vários métodos.

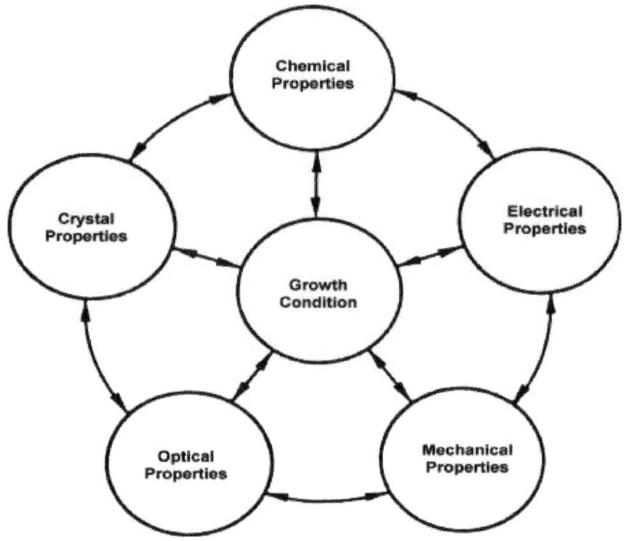

Fig. 1. Correlações entre as condições de crescimento e as propriedades das películas finas resultantes.

(a) Deposição térmica no vácuo

É a técnica mais comummente utilizada para a deposição de metais, ligas e também de muitos compostos. Envolve a evaporação ou sublimação do material no vácuo por energia térmica e permite que o fluxo de vapor da carga se condense num substrato de modo a formar um depósito contínuo e aderente com a espessura desejada. A qualidade e as caraterísticas do depósito dependerão da taxa de deposição, da temperatura do substrato, da pressão ambiente, etc., e da uniformidade da película.

i. Por aquecimento resistivo: Os metais refractários, como o tungsténio, o molibdénio ou o tântalo, são geralmente utilizados sob a forma de fios ou tiras com diferentes formas. A escolha de um determinado metal refratário como fonte de aquecimento depende do material a evaporar, de modo a que o material evaporante não reaja com o metal refratário à elevada temperatura de evaporação.

ii. Por método de feixe de electrões: Este é um dos melhores métodos para a deposição de metais, ligas, metais refractários, etc., a uma taxa elevada e é atualmente utilizado de forma rotineira para a produção de resistências de película metálica e outras. As fontes de feixes múltiplos de electrões são também utilizadas para aplicações especiais. Nesta técnica, um feixe de electrões acelerado com uma tensão de cerca de 2-10 kV na superfície de uma carga que é normalmente mantida dentro de um cadinho de grafite colocado num bloco de cobre arrefecido a água. O feixe de electrões de alta energia emitido pelo cátodo incide sobre a carga que se encontra ao mesmo potencial que o ânodo e é convertido em energia térmica intensa que funde a carga. Focando adequadamente o feixe de electrões e controlando a sua intensidade, é possível manter a superfície superior da carga num estado fundido, a partir do qual pode ocorrer a evaporação. A temperatura atingida pela carga na superfície pode atingir cerca de 3000ºC ou mais por este método e, por conseguinte, metais refractários como o W, Mo, Ta, etc. podem ser fundidos e evaporados por esta técnica.

(b) Pulverização catódica

A deposição de películas metálicas por pulverização catódica partir de um cátodo pelo método de descarga luminescente foi observada pela primeira vez por Grove. Desde então, foram efectuadas numerosas investigações sobre a física da pulverização catódica e só nos últimos anos é que o processo é agora melhor compreendido. A ejeção de átomos da superfície do cátodo por impacto de iões positivos energéticos de gases nobres, como o hélio, o árgon, o néon e o crípton, a uma pressão reduzida e sob uma tensão contínua elevada, dá origem ao fenómeno de pulverização catódica. O mecanismo do processo envolve uma transferência de momento entre os iões energéticos ou neutros que incidem e os átomos da superfície do cátodo, em resultado da qual ocorre uma remoção física dos átomos.

Com base na técnica utilizada e no princípio aplicado, existem outras classificações como a pulverização catódica por descarga luminescente, a pulverização catódica a baixa pressão, a pulverização catódica reactiva e a pulverização catódica R.F.

(c) Deposição de vapor químico ou revestimento a vapor

A deposição de películas a partir de fases gasosas por decomposições térmicas (pirólise) ou reacções químicas em superfícies de substrato a alta temperatura é conhecida como processo de deposição química de vapor (CVD) ou vaporização. Esta técnica é utilizada para a preparação de vários compostos inorgânicos e orgânicos. O princípio básico envolve decomposições ou dissociações parciais das espécies da fase de vapor e a sua subsequente deposição em substratos ou reacções entre as espécies de vapor numa atmosfera neutra ou não e os produtos de deposição. Isto pode ser conseguido através da adoção de vários métodos como as reacções da fase de vapor, a pirólise, o método de transporte da fase de vapor e o método desproporcionado.

(d) Deposição química

Este método depende da deposição de películas a partir de soluções aquosas, quer através da passagem de uma corrente quer através de reacções químicas, e é geralmente utilizados para a deposição de películas espessas de metal ou de ligas. Com um controlo adequado dos parâmetros de deposição, tais como a composição do banho, a temperatura, o pH, a densidade da corrente, etc., podem ser obtidos depósitos metálicos e mesmo ligas de composição definida.

Dependendo do princípio envolvido, o processo de deposição pode ser realizado pelos seguintes métodos: eletrodeposição, galvanoplastia, oxidação anódica, deposição por reação química e deslocamento químico.

3. **Películas finas por galvanização Electroless**

O termo galvanização electrolítica foi originalmente adotado por Brenner e Riddell [2] para descrever um método de galvanização de substratos metálicos com ligas de níquel ou cobalto sem o benefício de uma fonte externa de corrente eléctrica. Ao longo dos anos, o termo foi subsequentemente alargado para abranger qualquer processo que deposite continuamente metal a partir de um meio aquoso. Em geral, a metalização electrolítica é caracterizada pela redução selectiva de iões metálicos apenas na superfície de um substrato catalítico imerso numa solução aquosa dos referidos iões metálicos, com deposição contínua no substrato através da ação catalítica do próprio depósito. Uma vez que o depósito catalisa a reação de redução, o termo autocatalítico é também utilizado para descrever o processo de revestimento.

Em 1844, Wurtz [3] observou que os catiões de níquel eram reduzidos por aniões hipofosfito. No entanto, Wurtz apenas obteve um pó preto. Os primeiros depósitos metálicos brilhantes de ligas de níquel-fósforo foram obtidos em 1911 por Breteau [3]. Em 1916, Roux [4] obteve a primeira patente de um banho de niquelagem electrolítica. No entanto, estes banhos decompunham-se espontaneamente e formavam depósitos em qualquer superfície que estivesse em contacto com a solução, mesmo nas paredes do recipiente. Outros investigadores estudaram o processo, mas o seu interesse estava na reação química e não no processo de revestimento. Em 1946, Brenner e Riddell [2] publicaram um artigo que descrevia as condições adequadas para obter a deposição electroless tal como definida acima. Ao longo dos anos, o processo foi investigado e expandido por muitos trabalhadores até ao seu estado atual de desenvolvimento.

A niquelagem electrolítica (EN) é, sem dúvida, o processo de niquelagem catalítica mais importante atualmente utilizado. As principais razões para a sua utilização comercial e industrial generalizada residem nas propriedades únicas dos depósitos de EN. As propriedades químicas e físicas de um revestimento EN dependem da sua composição, que, por sua vez, depende da formulação e das condições de funcionamento do banho de revestimento EN.

Através da reação de redução química controlada, o revestimento electroless

A química emergiu como uma das principais áreas de crescimento no sector das superfícies

A indústria do níquel eletrolítico está a crescer a um ritmo superior a quinze por cento por ano, não havendo certamente nenhum outro produto químico que cresça a este ritmo. As principais utilizações do níquel eletrolítico estão representadas na tabela

diagrama [6].

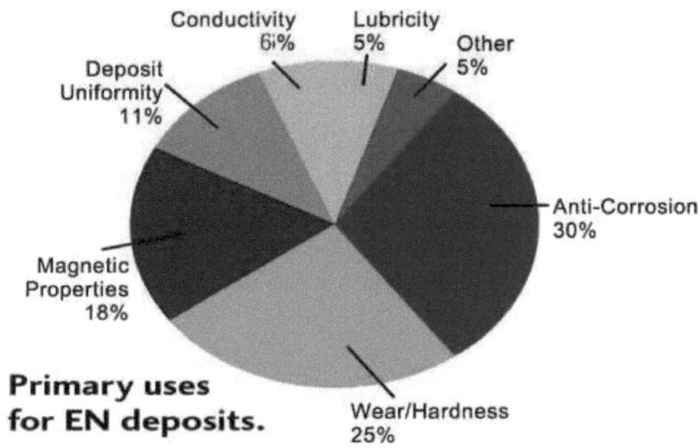

Fig. 2. Representação das principais utilizações da niquelagem electrolítica.

Os revestimentos electroless têm propriedades físico-químicas e mecânicas únicas, pelo que estão a ser cada vez mais utilizados. Algumas das propriedades que os tornam utilizáveis são

Uniformidade
Excelente resistência à corrosão Resistência ao desgaste e à abrasão
Soldabilidade
Elevada dureza
Depósito amorfo e microcristalino Baixo coeficiente de atrito
Alta refletividade Resistividade Propriedades magnéticas

Com base nestas diferentes propriedades dos depósitos electroless, estes têm encontrado aplicações em vários domínios. Algumas dessas aplicações são enumeradas no quadro 1.

Componentes típicos do banho e seu efeito

Uma fonte de de níquel Um agente redutor

Agentes complexantes adequados Estabilizadores/inibidores Energia

A fonte do níquel

A fonte preferida de catiões de níquel é o sulfato de níquel. Outros sais de níquel, como o cloreto de níquel e o acetato de níquel, são utilizados em aplicações muito limitadas. O anião cloreto pode ter um efeito deletério quando o banho de revestimento EN é utilizado para revestir alumínio, ou quando o depósito EN é utilizado como revestimento protetor sobre ligas ferrosas em aplicações de corrosão. A utilização de hipofosfito de níquel eliminaria a adição de aniões de sulfato e manteria a um mínimo a acumulação de iões de metais alcalinos, ao mesmo tempo que reabasteceria os reagentes consumidos durante a deposição do metal.

Agentes redutores

redução química do níquel a partir de soluções aquosas são utilizados quatro agentes redutores. Nomeadamente, o hipofosfito de sódio, o borohidreto de sódio, o borano de dimetilamina e a hidrazina. Os quatro agentes redutores são estruturalmente semelhantes, na medida em que cada um contém dois ou mais hidrogénios reactivos, e diz-se que a redução do níquel resulta da desidrogenação catalítica do agente redutor. A deposição de níquel electroless pode ser vista, de uma forma muito elementar, como a soma de duas reacções químicas que ocorrem numa célula eletroquímica, uma reação de oxidação química que liberta electrões e uma reação de redução do níquel que consome electrões.

O hipofosfito de sódio é o agente redutor mais utilizado entre os quatro. Proporciona uma gama muito ampla de pH de funcionamento, isto é, 4-6 e 7-10. A taxa de metalização depende primeira ordem da concentração de hipofosfito. Ou seja, a taxa de galvanização depende da concentração de hipofosfito, numa gama de concentrações muito ampla. A reação de redução inicia-se espontaneamente em certos metais - quase todos os metais do grupo VIII da tabela periódica (Fe, Co, Ni, Rh, Pd, Pt) na forma ativa.

Tabela 1. Aplicações dos depósitos de Ni-P electroless.

Via de aplicação	Componentes	Espessura do revestimento (μm)
Automóvel	Dissipadores de calor, componentes do carburador, injeção de combustível, pernos esféricos, veios esféricos do pinhão do diferencial, pistões e suportes de pastilhas dos travões de disco, anilhas de encosto da transmissão, engrenagens sincronizadas, pinos de articulação, colectores e tubos de escape, amortecedores, componentes de fechaduras, conjuntos de engrenagens e engrenagens, componentes do volante da coluna de direção, ar	2-38
Aeronaves/aeroespacial	Mancais de rolamentos, servo-válvulas, lâminas do compressor, ferragens para zonas quentes, cabeças de pistões, veios principais do motor e hélices, estrias de actuadores hidráulicos, encaixes e espaçadores de vedantes, componentes do trem de aterragem, suportes do motor da mesa do piloto, caixas de rolamentos frontais da turbina	10-50
Química e petróleo	Recipientes sob pressão, reactores, bombas e impulsores, permutadores de calor, filtros e componentes, lâminas de turbinas e conjuntos de rotores, lâminas e impulsores de compressores, bicos de pulverização, válvulas: de esfera, de gaveta, de obturador, válvulas de aço inoxidável, ferramentas, embaladores e equipamento para poços de petróleo, turbinas e bombas para poços de petróleo	25-125
Elétrico	Veios de motor, pás de rotor de anéis de estator	12-25
Eletrónica	mecanismos de acionamento de computadores, tambores e discos de memória de chassis, terminais de fios condutores, conectores, latas de díodos e transístores	2-25
Alimentação	Máquinas pneumáticas para produção de conservas, assadeiras, moldes, grelhadores e congeladores, misturadores, aquecedores de pães e roscas de alimentação e extrusoras	25-50
Marinha	Ferragens, bombas e equipamentos marítimos	12-75
Manuseamento de materiais	Cilindros e veios hidráulicos, extrusoras, correias de transmissão de ligações, engrenagens e embraiagens	12-25
Medicina e Farmácia al	Instrumentos e equipamentos cirúrgicos descartáveis, crivos de calibragem, separadores	8-75

	de comprimidos, parafusos de alimentação e extrusoras	
Militar	Conjuntos de fusíveis, rolamentos de alcatrão de tanques, guias de ondas de radar, espelhos, motores, detonadores e armas de fogo	30-60
Exploração mineira	Sistemas hidráulicos, cabeças de bombas de jato, componentes de motores de minas, ligações de tubagens, ferragens de enquadramento	15-50
Moldes e matrizes	Moldes de zinco, moldes de fundição, moldes de vidro e moldes de injeção de plástico de moldes de extrusão de plástico	20-90
Estrada de ferro	Veículos-cisterna, veios de motores diesel e ferragens para automóveis	

Os metais activos do Grupo VIII são bem conhecidos como catalisadores de hidrogenação-desidrogenação [7]. O níquel, o cobalto, o paládio e o ródio são considerados cataliticamente activos.

Os metais que são mais electropositivos do que o níquel, como o ferro e o alumínio, deslocam primeiro o níquel de uma solução dos seus , formando a superfície catalítica, por exemplo, Ni^0. É interessante notar que quando o aço ou o alumínio, os substratos mais vulgarmente revestidos, são niquelados sem electroless, a fase inicial do processo de deposição é a reação de deslocamento. Se o metal do substrato for mais eletronegativo do que o níquel, pode ser tornado catalítico depositando electroliticamente um depósito fino de níquel na sua superfície. Isto também pode ser conseguido através do contacto, na solução, entre o substrato e um metal mais eletropositivo, formando assim uma célula galvânica interna. Por , o cobre e as suas ligas tornam-se geralmente catalíticos para a metalização por qualquer uma destas técnicas. Uma reação de superfície, como a deposição de níquel sem eléctrodos, pode ser dividida nas seguintes etapas elementares

1. Difusão dos reagentes (Ni^{2+}, $H2PO^-$) para a superfície;
2. Adsorção de reagentes na superfície;
3. Reação química na superfície;
4. Dessorção dos produtos ($HPO3^-$, $H2$, H^+) da superfície;
5. Difusão de produtos para fora da superfície.

Foram introduzidos diferentes mecanismos para explicar os mecanismos de reação. São eles o mecanismo do hidrogénio atómico, o mecanismo de transferência de hidretos, o mecanismo eletroquímico e o quarto mecanismo, que envolve a coordenação de iões hidroxilo com iões hexaaquoníquel. O mais simples é o terceiro mecanismo, denominado mecanismo eletroquímico, originalmente proposto por Brenner e Riddell, e posteriormente modificado por outros. Esta teoria pode ser representada da seguinte forma.

Uma reação anódica em que os electrões são formados pela reação entre a água e o hipofosfito:

$$H_2PO_2^- + H_2O \rightarrow H_2PO_3^- + 2H^+ + 2e \qquad E^0 = 0.V$$

Reacções catódicas que utilizam os electrões gerados na reação anterior

$$Ni^{2+} + 2e \rightarrow Ni \qquad E^0 = 0.V$$

$$2H^+ + 2e \rightarrow H_2 \qquad E^0 = V$$

$$H_2PO_2^- + 2H^+ + e \rightarrow P + 2_{H(2)}O \qquad E^0 = 0.V$$

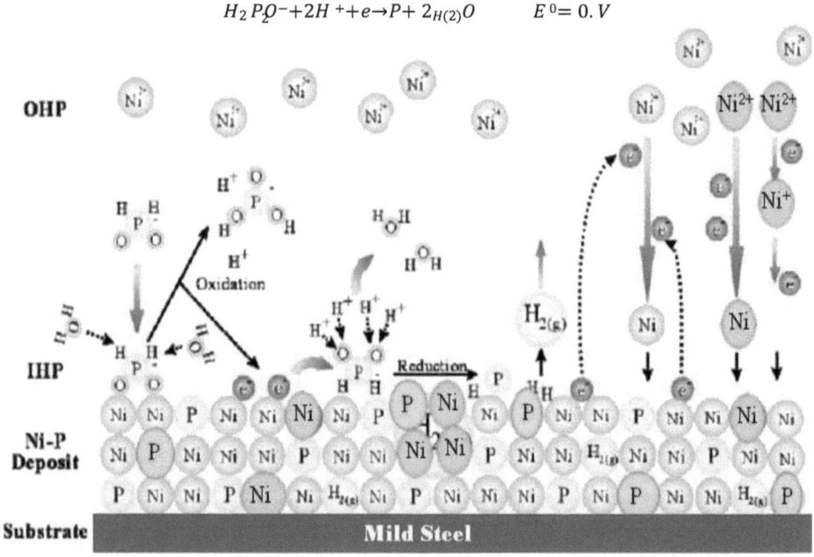

Fig. 3. Representação mecanicista do método de deposição electroless.

De acordo com este mecanismo, a evolução do gás hidrogénio que ocorre durante a deposição de níquel é o resultado da reação secundária. O mecanismo eletroquímico implica que a concentração de iões de níquel deve ter um efeito significativo na taxa de deposição; no entanto, o inverso é verdadeiro. Cada um dos mecanismos discutidos para os vários agentes redutores, e em particular para o hipofosfito, explica a maior parte das caraterísticas da deposição de níquel electroless. No entanto, cada mecanismo não explica algumas caraterísticas observadas experimentalmente da reação de revestimento . Os dados experimentais indicam que o hidrogénio gasoso que evolui durante a reação de metalização provém, na sua maior parte, do agente redutor; este facto não é suportado pelo mecanismo eletroquímico. Do ponto de vista eletroquímico, uma reação de deposição electroless pode ser considerada como o resultado combinado de duas reacções de eléctrodos independentes:

As reacções parciais catódicas (por exemplo, a redução dos iões metálicos)
As reacções parciais anódicas (por exemplo, a oxidação do redutor)

Os electrões necessários para redução dos iões metálicos são fornecidos agente redutor. A teoria do potencial misto interpreta muitos processos electroquímicos em termos dos parâmetros electromecânicos das reacções parciais do elétrodo. Paunovic [8] foi o primeiro a identificar a deposição de metal electroless em termos da teoria do potencial misto. Sugeriu que os mecanismos de deposição electroless podiam ser previstos a partir das curvas de polarização dos processos anódicos e catódicos parciais. Em termos simples, a teoria do potencial misto leva à suposição de que a niquelagem electroless pode ser considerada como a sobreposição da reação anódica e catódica no potencial misto (de deposição), EM. Consequentemente, as taxas das reacções anódicas são independentes das reacções catódicas que ocorrem simultaneamente na superfície catalítica, e as taxas reacções parciais separadas dependem apenas do potencial do elétrodo, o potencial misto. Se estas hipóteses estiverem corretas, deverá ser possível, experimentalmente, separar as reacções anódicas e catódicas em eléctrodos diferentes. deMinjer [9] testou experimentalmente a validade da teoria do potencial misto aplicada à niquelagem electrolítica com hipofosfito. Verificou que era possível que as reacções anódicas e catódicas ocorressem em eléctrodos separados. Observou que a oxidação anódica do hipofosfito ocorria num elétrodo de níquel ou Ni-P colocado numa solução de hipofosfito sem níquel, enquanto a redução do níquel metálico ocorria num elétrodo separado de níquel ou níquel-fósforo numa solução de hipofosfito sem níquel.

catolito isento de hipofosfito e contendo níquel.

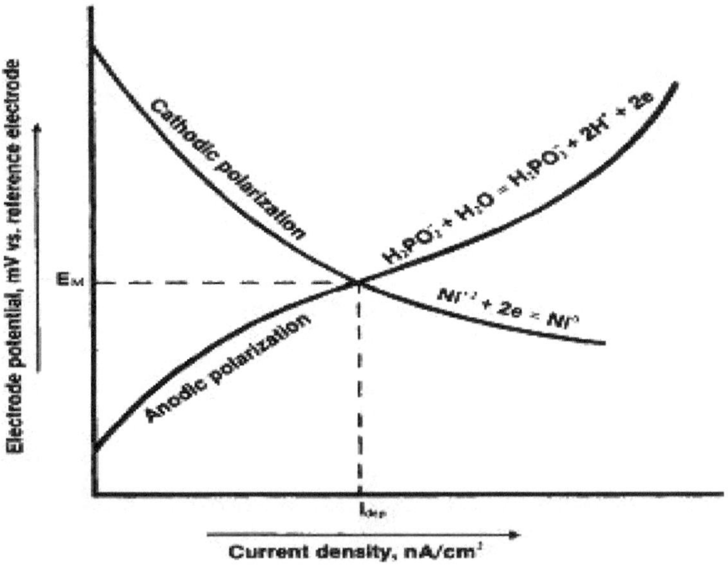

Fig. 4. Representação esquemática das curvas de polarização anódica e catódica combinadas num diagrama de Evan para o potencial de deposição e a corrente de deposição.

A evolução do hidrogénio é geralmente considerada como um processo catódico. No entanto, os estudos de El-Raghy e Salama [10] sobre a de cobre sem electroless levam a uma conclusão diferente. Eles investigaram a deposição de cobre eletrolítico electroquimicamente utilizando uma célula galvânica de duas câmaras e observaram que a formação de gás hidrogénio é um processo anódico. Ou seja, a evolução do hidrogénio na galvanização de cobre sem eléctrodos é o resultado da oxidação anódica do agente redutor formaldeído.

Agente complexante

O agente complexante é um dos componentes mais importantes da solução de banho de metalização electrolítica. Os agentes complexantes normalmente utilizados são o acetato, o propionato, o succinato (monodentado), o hidroxiacetato, o aminoacetato, a etidiamina (bidentado), o malato (tridentado) e o citrato (quadridentado).

Existem três funções principais que os agentes complexantes desempenham no banho de revestimento EN.

1. Exercem uma ação tampão que impede que o pH da solução diminua demasiado depressa.
2. Evitam a precipitação de sais de níquel, por exemplo, sais básicos ou fosfitos.
3. Reduzem a concentração de de níquel livres.

Para além destas funções, os agentes complexantes também afectam a reação de deposição e, consequentemente, o depósito de níquel resultante.

Um agente complexante EN pode coordenar-se a um ião níquel através de um átomo de oxigénio ou de azoto, ou de ambos. O complexo azul de amónio (amina) é um exemplo da classe geral de agentes complexantes (ligandos) conhecidos como monodentados. Os ligandos monodentados utilizam apenas um átomo doador por molécula ou ião ligante para ocupar uma única posição de coordenação do ião níquel. Do mesmo modo, o ião citrato, embora tetradentado, coordena-se provavelmente ao ião níquel com a formação de dois anéis quelatos, um anel de 5 membros e um anel de 6 membros. Por uma questão de simplicidade pictórica, na representação que se segue apenas se mostra uma molécula de citrato coordenada com o ião níquel.

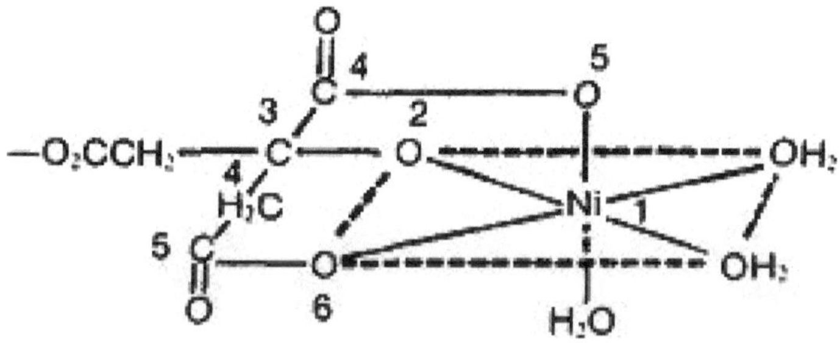

Fig. 5. Representação da coordenação do ião metálico níquel com a molécula de citrato.

Estabilizadores

Uma solução de niquelagem electrolítica pode ser utilizada em condições normais de funcionamento durante longos períodos sem adição de estabilizadores; no entanto, pode decompor-se espontaneamente em qualquer altura. A decomposição do banho é geralmente precedida por um aumento do volume de hidrogénio gasoso evoluído e pelo aparecimento de um precipitado preto finamente dividido em toda a massa da solução. Este precipitado é constituído por partículas de níquel, fosforeto de níquel ou boreto de níquel, consoante o agente redutor utilizado. Felizmente, estão disponíveis agentes químicos chamados estabilizadores para evitar a reação homogénea que desencadeia a subsequente decomposição aleatória de todo o banho de revestimento. Para utilizar os estabilizadores de forma eficaz, o químico deve, em primeiro lugar, ser capaz de identificar os problemas que podem ser resolvidos através da utilização de estabilizadores. Em segundo lugar, a compatibilidade do estabilizador com o processo utilizado deve ser verificada para evitar qualquer perda adversa na atividade catalítica devido a uma ação sinérgica com qualquer outro aditivo presente no banho. Em terceiro lugar, quando são utilizados dois ou mais estabilizadores, é importante certificar-se de que a ação de um não inibe ou diminui a eficácia dos outros estabilizadores. Finalmente, os estabilizadores devem ser selecionados com base no facto de apenas afectarem o processo de revestimento de forma a que o depósito resultante possa cumprir os critérios de desempenho exigidos.

Os estabilizadores mais eficazes podem ser divididos seguintes categorias:
(I) Compostos de elementos do grupo VI: S, Se, Te

(II) Compostos que contêm oxigénio: $AsO2^-$, IO^-_3 MoO_4^{2-}

(III) Catiões de metais pesados: Sn^{2+}, Pb^{2+}, Hg^{1+}, Sb^{3+}

(IV) Ácidos orgânicos insaturados: Maleico, itacónico

A utilização dos estabilizadores das classes III e IV é convenientemente definida em termos de concentrações molares; exemplo, a gama de concentrações dos estabilizadores da classe III é geralmente de l0^{-5} M a 10^{-3} M, enquanto a concentração de ácidos orgânicos insaturados (classe IV) é geralmente da ordem de 10^{-3} a 10^{-1} M. A atividade do substrato catalítico é alterada de forma apreciável por concentrações extremamente reduzidas de estabilizadores.

A ação estabilizadora exibida pelos compostos insaturados pode ser assumida como o da sua adsorção na superfície do níquel, onde inibem uma ou mais reacções elementares de deposição de EN de uma forma à dos estabilizadores da classe I ou II.

A estabilização de uma solução de niquelagem electrolítica ocorre na interface substrato catalítico/camada dupla ou perto dela. O mecanismo de estabilização depende provavelmente do grau de adsorção do estabilizador na superfície catalítica. Cada molécula ou ião estabilizador adsorvido reduz o número de sítios catalíticos disponíveis para a desidrogenação do hipofosfito.

Energia

A niquelagem electrolítica, que é uma reação catalítica, necessita de energia para prosseguir. A energia é fornecida sob a forma de calor. A temperatura é uma medida do conteúdo energético (calor) da solução de revestimento. A energia, , que é adicionada ao banho de revestimento, é considerada uma variável do banho, tal como os outros reagentes. A quantidade de energia requerida pelo sistema ou que lhe é adicionada é um dos factores mais importantes que afectam a cinética e a velocidade da reação de deposição.

Tipos de banhos de electroless Banhos ácidos

As soluções ácidas são as mais populares e bem estudadas. As composições das soluções de niquelagem química utilizadas por Brenner e Riddell têm certas vantagens sobre as soluções alcalinas e, por isso, são as mais populares. A taxa de deposição é tão elevada como 20 a 25 μm/h. As composições são mais estáveis, uma vez que não há perda do complexante por evaporação. Os revestimentos obtidos a partir de soluções ácidas são de melhor qualidade. As propriedades da película de Ni-P podem ser facilmente controladas através do controlo da quantidade de fósforo no depósito. Por conseguinte, as soluções ácidas são geralmente preferidas em muitas aplicações.

Banhos alcalinos

As principais desvantagens das soluções alcalinas são a sua grande instabilidade a temperaturas superiores a 90^0 C e a perda de amoníaco, que é adicionado para elevar o pH do banho a essa temperatura.

A redução do níquel em soluções alcalinas segue o mesmo padrão que em soluções ácidas. Outra diferença em relação às soluções ácidas é o facto de a taxa de deposição do níquel aumentar com as concentrações de hipofosfito. No entanto, concentrações muito elevadas de hipofosfito tornam o banho instável devido à deposição homogénea em massa. A temperatura influencia a taxa de deposição de níquel da mesma forma que nas soluções ácidas. No entanto, temperaturas superiores a 90^0 C tornam o controlo do pH muito difícil. [12]

Efeito do teor de P

As películas de Ni-P sem electroless revelaram-se boas anticorrosivas em vários meios. A formação de uma película passiva sobre os revestimentos de Ni-P foi também encontrada para ser mais fácil do que que de um revestimento de níquel puro devido à presença de fósforo ligado ao níquel. Além disso, foi observado um enriquecimento de P na superfície dos revestimentos de Ni-P nas regiões potenciais onde ocorreu a evolução do hidrogénio e a passivação.

Tabela 1.3. Propriedades físicas dos depósitos de Ni-P em função do teor de P.

Imóveis	**Elevado P**	**Meio-P**	**Baixo/Médio P**	**Baixo P**
% P	**10-13**	**7-9**	**4-6**	**1-3**
Gama de densidade do depósito (g/cm^3)	7.6-7.9	8.0-8.2	8.3-8.5	8.6-8.8
Taxa de deposição da galvanização (µm/hr)	7.5-15	12-30	18-30	11-19
Dureza como chapeado (HK_{100})	450-525	500-600	625	750
Dureza após aquecimento tratamento(HK_{100})	850-950	850-1000	850-1100	900-1100
Índice de desgaste Taber como em placas (mg/1000 ciclos- Roda CS-10, 100 g carga)	22-24	16-20	10-14	7-12
Coeficiente térmico expansão (µm/m/^{0}C)	8-10	10-15	11-14	7-12
Condutividade térmica (Cal/cm/seg/^{0}C)	0.01 650-900	0.012	0.016	0.015
Resistência à tração (MPa)	1-2.5	800-1000	350	600
Alongamento (%)		0.5-1	0.5-1	0.5-1.5
Módulo de elasticidade (GPa)	55-70	50-65	45-65	55-65
Intervalo de fusão (^{0}C)	880-900	880-980	1100-1300	1250-1360
Propriedades magnéticas como revestido	Não magnético	Ligeiramente magnético	Magnético	Magnético

Recentemente, tem sido dada muita atenção ao comportamento anticorrosivo do revestimento de Ni-P, incluindo o conteúdo e a distribuição de P, bem como a morfologia e a estrutura da superfície em ambientes corrosivos. Com base no teor de P no depósito, os revestimentos podem ser classificados como de baixo teor de fósforo (3 - 5 wt.%), médio teor de fósforo (5 - 9 wt.%) e alto teor de fósforo (10 - 14 wt.%). O teor de P determina a estrutura cristalina do depósito. Uma vez que o P tem menor solubilidade no níquel, causa desordem na estrutura do níquel cristalino.

Quanto maior for o P no revestimento, maior será a desordem e a estrutura tornar-se-á amorfa. Assim, o sistema permanece num estado amorfo de não-equilíbrio devido a restrições cinéticas e à baixa solubilidade do P [13-14].

Resistência à corrosão do depósito de Ni-P

Em geral, a resistência à corrosão dos revestimentos electroless Ni-P depende da velocidade de formação da película protetora da superfície. O fósforo pode fazer aumentar o potencial de corrosão e diminuir a corrente de corrosão e promove as reacções anódicas e catódicas durante o processo de corrosão, aumentando assim a dissolução anódica do níquel. É evidente, a partir de relatórios da literatura sobre revestimentos de Ni-P, que a dissolução preferencial do níquel ocorre em potencial de circuito aberto, levando ao enriquecimento de fósforo na camada superficial. A corrosão acelerada do níquel fornece pré-requisitos para a concentração de P, formando assim uma zona rica em P. A superfície enriquecida de fósforo reage com a água para formar uma camada de aniões hipofosfito adsorvidos. Esta camada, por sua vez, bloqueará o fornecimento de água à superfície do elétrodo, impedindo assim a hidratação do níquel, que é considerada o primeiro passo para formar espécies solúveis de Ni^{2+} ou uma película passiva de níquel [14-16].

Logo que os revestimentos de níquel electroless, a comunidade de investigadores começou a comparar o seu desempenho em termos de corrosão com o níquel puro. Como o níquel electroless não se encontra na forma pura, a codeposição de P com níquel foi objeto de discussão. Esperava-se que o P codepositado com o níquel metálico desempenhasse um papel fundamental no comportamento de corrosão. Os resultados da investigação efectuada por P.-H. Lo [17] e os seus colaboradores lançaram luz sobre o papel real desempenhado pelo teor de P no depósito. Encontraram ligas de Ni-P sem electroless com uma estrutura amorfa para teores de fósforo superiores a 8% em peso, enquanto a liga de Ni-4,8% em peso de P era essencialmente microcristalina. As curvas de polarização potenciodinâmica para filmes de Ni-P em soluções de NaCl a 3,5% revelaram que o teor de fósforo tem um forte efeito no comportamento da polarização anódica. Uma diminuição significativa da densidade de corrente anódica e um desvio positivo do potencial de corrosão foram encontrados para os filmes de Ni-P com teores de P mais elevados. Além disso, afirmam que a formação de hipofosfito proporcionou a passividade do Ni-P galvanizado em solução neutra e alcalina de NaCl a 3,5%. A passividade dos filmes de Ni-P em soluções de NaCl foi aumentada com o aumento do teor de P. Posteriormente, [18] A Krolikowski et al. demonstraram explicitamente que o elevado desempenho da ação de barreira da camada de Ni-P rica em P pode ser atribuído à ligação química entre os átomos de Ni e P. A composição do Ni-P rico em P foi prevista como sendo próxima de Ni3P, com base em dados sobre a estrutura eletrónica do Ni-P amorfo.

4. **Película fina análise**

As propriedades das películas finas, tal como mencionado, são sensíveis às suas estruturas, cristalinidade, natureza dos defeitos e imperfeições, bem como à sua concentração, variação da composição, etc. e, em certa medida, também à espessura, topografia da superfície e asperezas. A maioria destes factores está, no entanto, associada ao processo de crescimento das películas e pode ser controlada e os seus efeitos minimizados através da tomada de precauções adequadas. Por conseguinte, é extremamente importante dispor de alguns métodos analíticos, de preferência do tipo não destrutivo, para a sua deteção e, se possível, também para a sua estimativa.

A medição das propriedades das películas finas é indispensável para o estudo de materiais e dispositivos de película fina. A composição química, a estrutura cristalina, as propriedades ópticas, eléctricas e mecânicas devem ser consideradas durante a avaliação das películas finas.

São utilizados vários métodos para a avaliação das películas finas. Entre estes processos, registaram-se progressos rápidos na avaliação da superfície e da composição das películas finas. Há uma série de considerações importantes que determinam a escolha de um método instrumental para resolver um problema específico na superfície ou nas películas finas, incluindo a área e a profundidade a amostrar, a sensibilidade e a reprodutibilidade, e o número de elementos detectáveis. As avaliações in situ das propriedades da superfície ou das películas finas são necessárias para determinar a relação entre as condições de crescimento e as propriedades da película. No entanto, a espetroscopia de electrões Auger (AES) e a espetroscopia de fotoelectrões de raios X (XPS) são técnicas superiores.

A informação morfológica pode ser obtida através de técnicas microscópicas como o SEM e o TEM. Estas são efetivamente utilizadas para estudar o crescimento dos cristais de zinco. Além disso, uma técnica poderosa, o microscópio de força atómica (AFM), é uma das técnicas convencionais e mais bem sucedidas para avaliar a natureza da superfície. A investigação da superfície só pode ser concluída se for adoptada a técnica de difração de raios X. Esta permite obter a estrutura cristalina, o alinhamento dos planos, a cristalinidade, etc. Os processos de desenvolvimento de películas finas exigem normalmente a técnica de XRD para a análise estrutural e estão a ser utilizados com êxito. Além disso, podem também ser utilizadas outras técnicas, como o XPS, a absorção ótica, etc. . A microscopia de túnel de varrimento (STM) e a AFM foram utilizadas para estudar a rugosidade da superfície. Estas técnicas contribuem significativamente para a caraterização completa da superfície.

Estudos de difração de raios X em pó (XRD)

A XRD é uma das técnicas mais antigas e mais frequentemente utilizadas para a análise qualitativa e quantitativa da estrutura cristalina e para a análise e caraterização do tamanho dos cristalitos (partículas). Em

1918, Bragg desenvolveu uma equação para calcular a dimensão dos cristais a partir do alargamento de uma linha de difração a metade da intensidade máxima da linha, empregando apenas os princípios normais da difração ótica e partindo da seguinte equação, normalmente designada por equação de Bragg.

$$n\,\lambda = 2d\,\sin\theta \;;\; n = 1, 2, \ldots$$

Onde,

λ é o comprimento de onda dos raios X

d é a distância entre os planos da rede

θ é o ângulo entre os raios X recebidos e o plano refletor

n é um número inteiro chamado ordem da reflexão

A utilização da equação desenvolvida por Bragg, que é considerada uma versão simplificada da equação de Scherrer, é atualmente um método bem estabelecido e amplamente utilizado em química inorgânica para calcular o tamanho das partículas a partir de padrões de raios X. A equação é a seguinte:

$$L_{hkl} = \mathbf{K\lambda / \beta\ hkl\ cos\theta}$$

Onde,

L_{hkl} é uma medida da dimensão do cristal perpendicular ao plano de reflexão

K é uma constante dependente da geometria da célula unitária, cujo valor se situa normalmente entre

0.85 - 0.99

λ é o comprimento de onda dos raios X fornecidos pelo equipamento utilizado

β_{hkl} é o alargamento da linha de difração medido a metade da intensidade máxima da linha

θ é o ângulo entre os raios X recebidos e o plano de reflexão

O β_{hkl} de Bragg pode ser escrito como

$$\beta_{hkl} = (B_{hkl} - b)$$

em que B_{hkl} é o alargamento medido no padrão de raios X e b é o erro de alargamento inevitável do equipamento, que é típico de cada instrumento. É determinado com um padrão de tamanho de partícula conhecido, geralmente LaB_6.

A orientação preferencial dos electrodepósitos foi estimada a partir dos dados de raios X, de acordo com a metodologia desenvolvida por Bérubé e L'Espérance, em que o coeficiente de textura (Tc) é calculado utilizando a fórmula equação acima:

$$T_c = \frac{I_{(hkl)}}{\sum I_{(hkl)}} \times \frac{\sum I_{0(hkl)}}{I_{0(hkl)}}$$

Em que I (h k l) é a intensidade da linha de difração da reflexão (h k l) dos electrodepósitos de zinco, Σ I (h k l) é a soma das intensidades de todas as linhas de difração monitorizadas. O índice prefere a amostra de pó de zinco de referência.

No presente estudo, os padrões de XRD foram registados utilizando um difratómetro de raios X Philips TW 3710 com Cu Kα como fonte de radiação e Ni como filtro para identificar as fases. O tamanho médio dos cristalitos foi obtido pelo método de alargamento de linha utilizado em DRX. Os valores do tamanho médio dos cristalitos foram estimados utilizando a seguinte equação.

Análise SEM e EDX

Um SEM (Microscópio Eletrónico de Varrimento) fornece imagens da superfície de quase todos os materiais. Com o SEM em combinação com EDX (espetroscopia de raios X por dispersão de energia), é por vezes também referido como análise EDS ou EDAX. Trata-se de uma técnica utilizada para identificar a composição elementar da amostra ou de uma área de interesse da mesma. O sistema de análise EDX funciona como uma caraterística integrada de um microscópio eletrónico de varrimento (SEM). Durante as medições do SEM, um feixe de electrões é focado num volume pontual do espécime, resultando na transferência de energia para o ponto. Estes electrões de bombardeamento, também designados por electrões primários, deslocam electrões do próprio espécime. Os electrões deslocados, também conhecidos como electrões secundários, são atraídos e recolhidos pelo detetor, sendo depois traduzidos num sinal. Para produzir a imagem SEM, o feixe de electrões é varrido através da área a ser inspeccionada, produzindo muitos desses sinais. Estes sinais são depois amplificados, analisados e traduzidos em imagens da topografia em estudo. Finalmente, a imagem é mostrada num tubo de raios catódicos.

A espetroscopia de raios X por dispersão de energia (EDX) é normalmente utilizada como um anexo ao microscópio eletrónico de varrimento (SEM). A EDX é muito útil para a análise qualitativa e quantitativa da concentração relativa dos elementos detectados. Quando o feixe de electrões incide sobre a amostra, remove os electrões das camadas internas dos átomos, os electrões das camadas externas saltam para ocupar a posição deixada pelos electrões que saíram, levando à emissão de raios X caraterísticos da amostra. A posição dos picos fornece informações sobre as espécies atómicas presentes, enquanto as áreas dos picos fornecem informações sobre as quantidades de cada átomo presente na amostra [9]. A composição média das amostras é obtida a partir de espectros EDX registados em diferentes áreas. As linhas de raios X do oxigénio ocorrem perto do limite de deteção do detetor EDX, pelo que a análise não fornece informações sobre a estequiometria do oxigénio e também sobre os elementos mais leves.

Medição da espessura do revestimento

O desempenho de um trabalho galvânico é aproximadamente proporcional à espessura do depósito. A espessura (Tμ m) foi calculada utilizando a equação.

$$= = \frac{m}{An} \times 100$$

Onde, m é a massa do depósito, A é a área (cm^2) e 'd' é a densidade do metal revestido. O pressuposto aqui assumido é que o metal é depositado uniformemente em toda a superfície. O cálculo acima referido dá a espessura média ou nominal do depósito. Para estimar a espessura revestimento, pode ser utilizada a análise da secção transversal SEM.

Espectroscopia UV-Vis

Quando a luz (UV ou visível) é absorvida pelos electrões de valência, estes electrões são promovidos dos seus estados normais para estados de energia mais elevados. Quando a luz atravessa o composto, a energia da luz é utilizada para promover um eletrão de uma orbital de ligação ou não ligação para uma das orbitais vazias de anti-ligação. Cada comprimento de onda da luz tem uma energia específica associada. Se essa quantidade específica de energia for a adequada para fazer saltos de energia, então esse comprimento de onda será absorvido, a sua energia terá sido utilizada para promover um eletrão. Isto significa que, para absorver luz na região de 200 - 800 nm (que é onde os espectros são medidos), a molécula deve conter ligações pi ou átomos com orbitais sem ligação.

Espectroscopia FTIR

O espetro de infravermelhos fornece informações sobre a natureza das ligações e também sobre os grupos funcionais presentes. A inclusão do agente de adição foi confirmada através do registo dos espectros de infravermelhos do composto raspado do metal. A espetroscopia de infravermelhos com transformada de Fourier (FT-IR) é a ferramenta mais poderosa para identificar os tipos de ligações químicas (grupos funcionais) presentes nas moléculas. Pode ser utilizada para quantificar alguns componentes de uma mistura desconhecida. Pode ser aplicado na análise de sólidos, líquidos e gases. As radiações IR são passadas através de uma amostra, algumas delas são absorvidas e as restantes radiações são transmitidas. Quando a frequência de uma vibração específica é igual à frequência da radiação IV, a molécula absorve a radiação. O espetro resultante representa a absorção e a transmissão molecular, criando uma impressão digital molecular da amostra. Tal como uma impressão digital, não existem duas estruturas moleculares únicas que produzam o mesmo espetro de IV. Por conseguinte, a espetroscopia de IV pode resultar numa identificação positiva (análise qualitativa) de todos os diferentes tipos de materiais.

Os espectros de infravermelhos com transformada de Fourier (FT-IR) foram obtidos em pastilhas de KBr à temperatura ambiente, utilizando um espetrómetro Bruker FT-IR (TENSOR 27).

Medição e técnicas da taxa de corrosão

Uma das propriedades importantes das películas finas é a sua capacidade de resistir à corrosão. Por conseguinte, é necessário medir as suas propriedades de resistência à corrosão. A propriedade de resistência à corrosão é investigada medindo a perda real de metal em meios agressivos e a perda de metal é convertida em taxa de corrosão. A medição da taxa de corrosão pode ser classificada em métodos químicos e electroquímicos.

Os métodos rápidos e exactos para medir as taxas de corrosão são de enorme importância, especialmente para aplicações práticas. Os métodos analíticos diretos, tais como as medições de perda de peso ou a análise de soluções por medições espectroscópicas, requerem tempos de exposição relativamente longos dos sistemas corrosivos. Além disso, estes métodos diretos estão, em geral, limitados a sistemas que não formam camadas aderentes de produtos de corrosão.

A aplicabilidade de vários métodos de ensaio depende das condições de exposição. Podem ser consideradas duas condições de exposição, a imersão em solução e a exposição atmosférica. A maioria dos ambientes de imersão total são conhecidos com algum pormenor a priori, como a água do mar, correntes de processo ou solução de poros de betão.

É utilizada uma variedade de métodos para suportar espécimes para exposição no laboratório ou na fábrica. As considerações importantes são: (1) o corrosivo deve ter fácil acesso à amostra; (2) o suporte não deve falhar durante o teste; (3) as amostras devem ser isoladas ou isoladas eletricamente do contacto com outro metal, a menos que se pretendam efeitos galvânicos; (4) a amostra deve ser posicionada adequadamente se os efeitos da imersão completa, imersão parcial ou fase de vapor estiverem a ser estudados. Alguns dos ensaios de corrosão são enumerados no quadro.

Devido à natureza eletroquímica dos processos de corrosão, foram aplicadas diferentes técnicas de medição eletroquímica aos sistemas de corrosão, a fim de determinar a taxa de corrosão. Todos os métodos electroquímicos se baseiam na lei de Faraday que relaciona o fluxo de massa por unidade de área e tempo com o fluxo de corrente. As grandes vantagens dos métodos electroquímicos são o tempo de medição relativamente curto, uma elevada precisão e a possibilidade de monitorização contínua da corrosão. Por outro lado, uma das principais desvantagens de todos os métodos electroquímicos é a perturbação necessária do sistema de corrosão por uma polarização imposta externamente, o que leva a alterações inevitáveis das propriedades específicas do sistema, tais como a estrutura e rugosidade da superfície, a adsorção e absorção de hidrogénio, a formação de camadas superficiais, processos de sorção de inibidores, reacções redox sobrepostas, etc. Além disso, todos os métodos electroquímicos são procedimentos de ajuste, presumindo mais ou menos um conhecimento da cinética e dos mecanismos das reacções que ocorrem no sistema de corrosão.

Enquanto as técnicas de corrente contínua têm sido amplamente utilizadas para medições da taxa de corrosão, especialmente na abordagem da resistência de polarização, as técnicas de impedância de corrente alternada só mais recentemente foram aplicadas para estes fins.

Tabela 2: Alguns ensaios simples de corrosão.

Teste	Breve	Observações
Ensaio de corrosão sob tensão Ensaio de taxa de deformação lenta	As águas que contêm cloretos são colocadas no autoclave. As autoclaves são utilizadas para efetuar ensaios a altas temperaturas e pressões. A condensação da parte superior do autoclave escorre para o espécime. Um provete de tração é sujeito a uma tensão crescente constante num determinado ambiente. Resulta na rutura das películas de superfície e, portanto, tende a eliminar o tempo de iniciação necessário para a formação de uma fenda superficial.	A espessura das incrustações, a profundidade do metal convertido e a corrosão intergranular podem ser medidas. -
Erosão corrosão teste	O líquido ou lama no tanque é recirculado e bombeado diretamente na face do disco rotativo espécime.	Os espécimes são tubos, válvulas, cotovelos, orifícios placas. Além disso, a galvânica ou corrosão de dois metais pode ser testado aqui por união de dois tubos ou flanges de diferentes metal.
Fenda ou junta ensaio de corrosão	O material de teste é mantido entre tiras aparafusadas de aço inoxidável. São utilizadas juntas duplicadas, que são separados por uma terceira faixa entre as duas faixas exteriores.	Estes testes foram avaliada através da estimativa de a percentagem do área atacada, medição da profundidade de as fossas, e registando o estado do

		junta e a sua facilidade de remoção após o ensaio.
Corrosão intergranular: Ensaio Huey para aços inoxidáveis	Este teste consiste na exposição a ácido nítrico a 65% em ebulição durante cinco períodos de 48 horas.	Caro
Ensaio Streicher para aço inoxidável	É utilizado ácido oxálico a 10%.	-
Ensaio Warren para aço inoxidável	10% HNO_3+ Mistura de 3% HCl a 70 - 80°C durante um período de 2 horas.	Mais barato do que o teste Huey.

As experiências mais frequentemente utilizadas nas técnicas de corrente contínua são as medições de polarização. A extrapolação das linhas Tafel anódicas e/ou catódicas das reacções de corrosão controladas por transferência de carga fornece a densidade da corrente de corrosão, I_{corr}, ao potencial de corrosão. Este método baseia-se na teoria eletroquímica dos processos de corrosão desenvolvida por Wagner e Traud. As curvas de polarização podem ser medidas em condições galvanostáticas ou potenciostáticas em estado estacionário ou não estacionário, utilizando grandes amplitudes de sinal de polarização. A técnica de polarização linear sensível e exacta em comparação com o método Tafel. Dentro de 10 mV mais nobre ou mais ativo do que o potencial de corrosão, observa-se que a densidade de corrente aplicada é função linear do potencial do elétrodo. Este método mede as taxas de corrosão instantâneas em comparação com outros métodos em que a perda de metal é medida ao longo de um período de tempo finito. Instantâneo significa que cada leitura no instrumento pode ser traduzida diretamente em taxa de corrosão. Esta técnica pode ser utilizada para medir com exatidão taxas de corrosão muito baixas (inferiores a 0,1 mpy). As medições de taxas de corrosão baixas são especialmente importantes nas indústrias de processamento de alimentos, onde os vestígios de impurezas e a contaminação são problemas.

A resistência à polarização R_p é definida como a tangente de uma curva de polarização em E_{corr}:

$$E_{corr} = \frac{dE}{di}_{E=E_{corr}}$$

No caso de reacções simples, controladas por transferência de carga, a densidade da corrente de corrosão; I_{corr} está relacionada com R_p pela equação de Stern-Geary.

$$R_p \quad \frac{b_a \cdot b_c}{2.303(b_a+b_c)} \frac{1}{i_{corr} \cdot A}$$

Onde b_a e b_c são os declives de Tafel das reacções de corrosão anódica e catódica, respetivamente.

A espetroscopia de impedância e os métodos de medição do ruído são abrangidos por técnicas AC. As técnicas de impedância em corrente alternada têm a vantagem de a baixa condutividade do eletrólito não afetar a precisão da medição da forma acima descrita para as técnicas em corrente contínua. Além disso, é possível obter informações mecanicistas a partir da forma do diagrama de impedância. Uma das principais desvantagens das medições de impedância CA é que apenas Rp pode ser determinado diretamente, enquanto os declives de Tafel e o parâmetro B têm de ser obtidos por outros meios.

A resistência de polarização é definida como

$$Rp = \lim_{w \to 0} Re\{Z\}_f$$

Em que Re $_{\{Zf\}}$ representa a parte real da impedância faradaica complexa Zf e w corresponde à frequência do sinal de corrente alternada. Para a determinação de Rp, aplica-se uma corrente sinusoidal ou uma perturbação de potencial de amplitude muito pequena (para assegurar que a medição é efectuada na região linear do sistema) em função da frequência. Para sistemas muito simples, Rp pode ser determinado a partir de um diagrama de Nyquist ou de Bode.

A técnica de ruído eletroquímico provou ser notavelmente bem sucedida, na medida em que atingiu uma aplicação comercial para a monitorização da corrosão menos de 20 anos após ter sido descrita pela primeira vez para aplicações de corrosão por Iverson. Na eletroquímica, o ruído pode ser medido como ruído potencial

- por exemplo, as flutuações do potencial de corrosão livre de um elétrodo em corrosão, ou como ruído de corrente - como as flutuações da corrente necessária para polarizar um elétrodo. Na corrosão, o ruído eletroquímico é normalmente o resultado de uma dissolução não uniforme ou localizada. O ruído de potencial é normalmente medido como a flutuação na diferença de potencial entre um elétrodo de trabalho e um elétrodo de referência (que se presume não ter ruído) ou entre dois eléctrodos de trabalho nominalmente idênticos.

Referências

[1] Kiyotaka Wasa, Makoto Kitabatake, Hideaki Adachi, Sputtering of Compound Materials, Willium Andrew publishing.

[2] A. Brenner e G. Riddell, J. Res. Nat. 8ur. Std., 37, 31 (1946); 39.385 (1947)

[3] A. Wurtz, Ann. Chim. et Phys., 3, 11 (1844).

[4] P. Breteau, Bull. SOC. Chim., p. 9 (1911).

[5] F.A. Roux, patente americana 1.207.218 (1916).

[6] R.C. Agarawala, Vijaya Agarwala, Electroless alloy/composite coatings: A review, Sadhana, 28 (2003) 475.

[7] G. Gutzeit, Plating, Catalytic Nickel Deposition from Aqueous Solution. I-IV,46, 1158 (1959)

[8] M. Paunovic, Plating, 55, (1968)1161.

[9] C.H. de Minjer, Electrodep. Sur. Treatment, 3 (1975) 261.

[10] S.M. El-Raghy, A.A. Aba-Salama, The electrochemistry of electroless deposition of copper, J. Electrochem. Soc., 126, (1979) 171.

[11] K. Hari Krishnan, S. John, K.N. Srinivasan, J. Praveen, M. Ganesan, P.M. Kavimani, An overall aspect of electroless Ni-P depositions-A review article, 37(A) (2006) 1917.

[12] J.N. Balaraju, K.S. Rajam, Electroless deposition and characterization of high phosphorus Ni-P-Si3N4 composite coatings, Int. J. Electrochem. Sci., 2 (2007) 747.

[13] Allen Bai, Po-Yao Chuang, Chi-Chang Hu, O comportamento de corrosão de depósitos de Ni-P com elevados teores de fósforo em meios salinos, Mater. Chem. Phy., 82 (2003) 93.

[14] J.N. Balaraju,V. Ezhil Selvi et al., Electrochemical studies on electroless ternary and quaternary Ni-P based alloys, Electrochim. Ata, 52 (2006) 1064.

[15] Faryad Bigdeli, Saeed Reza Allakharam, Uma investigação sobre a corrosão

de revestimentos de Ni-P/nano SiC aplicados e tratados termicamente, Mater. Design., 30 (2009) 4450.

[16] P.-H. Lo, W.-T. Tsai et al., Role of phosphorus in the electro-chemical behavior of electroless Ni-P alloys in 3.5wt.% NaCl solutions, Surf. Coat. Technol. 67 (1994) 27.

[17] Balaraju J N, Rajam, Electroless deposition of Ni-Cu-P, Ni-W-P and Ni-W-Cu-P alloys, Surf. Coat. Technol., 195 (2005) 154.

[18] A. Krolikowski, Nature of anodic dissolution of amorphous Ni-P alloys, Mater. Sci. Forum, 185-188 (1995) 799.

MIX
Papier aus verantwortungsvollen Quellen
Paper from responsible sources
FSC® C105338

Printed by Books on Demand GmbH, Norderstedt / Germany